GUIDE PRATIQUE
de CONVERSION
RAPIDE

D1148741

Du même auteur:
Prêts hypothécaires, tableaux des versements, © Édimag, 2001
Prêts personnels, tableaux des versements, © Édimag, 2002

EDIMAG
PRÈS DU PUBLIC

C.P. 325, succursale Rosemont
Montréal (Québec) Canada H1X 3B8
Téléphone: (514) 522-2244
Courrier électronique: info@edimag.com

Éditeur: Pierre Nadeau

Dépôt légal: premier trimestre 2005
Bibliothèque nationale du Québec
Bibliothèque nationale du Canada

© 2005, Édimag inc. Tous droits réservés pour tous pays
ISBN: 2-89542-161-7

Québec ::   Canada

L'éditeur bénéficie du soutien de la Société de dévelop-
pement des entreprises culturelles du Québec pour son
programme d'édition.

Nous reconnaissons l'aide financière du gouvernement du
Canada par l'entremise du Programme d'aide au déve-
loppement de l'Industrie de l'édition (PADIÉ) pour nos
activités d'édition.

BENOIT SIGOUIN

GUIDE PRATIQUE
de CONVERSION
RAPIDE

EDIMAG
PRÈS DU PUBLIC

NE JETEZ JAMAIS UN LIVRE

La vie d'un livre commence à partir du moment où un arbre prend racine. Si vous ne désirez plus conserver ce livre, donnez-le. Il pourra ainsi prendre racine chez un autre lecteur.

DISTRIBUTEURS EXCLUSIFS

Pour le Canada et les États-Unis
LES MESSAGERIES ADP
2315, rue de la Province
Longueuil (Québec) CANADA   J4G 1G4

Téléphone: (450) 640-1234   Télécopieur: (450) 674-6237

Pour la Suisse
TRANSAT DIFFUSION
Case postale 3625
1 211 Genève 3   SUISSE

Téléphone: (41-22) 342-77-40   Télécopieur: (41-22) 343-46-46
Courriel: transat-diff@slatkine.com

Pour la France et la Belgique
DISTRIBUTION DU NOUVEAU MONDE (DNM)
30, rue Gay-Lussac
75005 Paris   FRANCE

Téléphone: (1) 43 54 49 02   Télécopieur: (1) 43 54 39 15
Courriel: liquebec@noos.fr

**Système anglais = système métrique
Fahrenheit = Celsius**

CHEZ-VOUS
OU EN VOYAGE
NE SOYEZ PLUS MAL PRIS

Quoi de plus frustrant, lorsque vous cuisinez ou bricolez, que d'avoir à convertir des mesures. Combien d'onces font 250 millilitres? Combien de tasses font 2 litres? Combien de millimètres dans 4 pouces?

Vous êtes habitué aux pouces et aux pieds, mais les instructions de votre livre de bricolage sont en centimètres et en mètres? Comment savoir rapidement ce que deviennent 40 centimètres en pouces?

Vous essayez la nouvelle recette qu'une amie vous envoie et les quantités sont indiquées en grammes plutôt qu'en onces? Comment vous sortir de cette impasse?

Ce guide est conçu pour répondre à toutes ces situations problématiques. Vous pourrez aisément et rapidement convertir des degrés Fahrenheit en degrés Celsius, transformer des millilitres en onces, des pieds carrés en mètres carrés, des milles en kilomètres, des gallons américains en litres, et plus encore.

Ce livre de conversion deviendra un élément indispensable dans la cuisine, dans l'atelier de bricolage, dans la salle de couture, en voyage. Partout, il pourra répondre à vos besoins de conversion.

TABLE DES MATIÈRES

LA TEMPÉRATURE

Degrés Celsius(C)	Degrés Fahrenheit (F)
37°C	98°F
35°C	95°F
30°C	86°F
28°C	82°F
25°C	77°F
20°C	68°F
15°C	59°F
10°C	50°F
5°C	41°F
0°C	32°F
-9°C	15°F
-12°C	10°F
-15°C	5°F
-18°C	0°F
-21°C	-5°F
-23°C	-10°F
-26°C	-15°F
-29°C	-20°F

Degrés Celsius	EN	Degrés Fahrenheit	Degrés Celsius	EN	Degrés Fahrenheit
- 40°C	=	- 40.0°F	- 13°C	=	8.6°F
- 39°C	=	- 38.2°F	- 12°C	=	10.4°F
- 38°C	=	- 36.4°F	- 11°C	=	12.0°F
- 37°C	=	- 34.6°F	- 10°C	=	14.0°F
- 36°C	=	- 32.8°F	- 9°C	=	15.8°F
- 35°C	=	- 31.0°F	- 8°C	=	17.6°F
- 34°C	=	- 29.2°F	- 7°C	=	19.4°F
- 33°C	=	- 27.4°F	- 6°C	=	21.2°F
- 32°C	=	- 25.6°F	- 5°C	=	23.0°F
- 31°C	=	- 23.8°F	- 4°C	=	24.8°F
- 30°C	=	- 22.0°F	- 3°C	=	26.6°F
- 29°C	=	- 20.2°F	- 2°C	=	28.4°F
- 28°C	=	- 18.4°F	- 1°C	=	30.2°F
- 27°C	=	- 16.6°F	0°C	=	32.0°F
- 26°C	=	- 14.8°F	1°C	=	33.8°F
- 25°C	=	- 13.0°F	2°C	=	35.6°F
- 24°C	=	- 11.2°F	3°C	=	37.4°F
- 23°C	=	- 9.4°F	4°C	=	39.2°F
- 22°C	=	- 7.6°F	5°C	=	41.0°F
- 21°C	=	- 5.8°F	6°C	=	42.8°F
- 20°C	=	- 4.0°F	7°C	=	44.6°F
- 19°C	=	- 2.2°F	8°C	=	46.4°F
- 18°C	=	- 0.4°F	9°C	=	48.2°F
- 17°C	=	1.4°F	10°C	=	50.0°F
- 16°C	=	3.2°F	11°C	=	51.8°F
- 15°C	=	5.0°F	12°C	=	53.6°F
- 14°C	=	6.8°F	13°C	=	55.4°F

Degrés Celsius	EN	Degrés Fahrenheit	Degrés Celsius	EN	Degrés Fahrenheit
14°C	=	57.2°F	41°C	=	105.8°F
15°C	=	59.0°F	42°C	=	107.2°F
16°C	=	60.8°F	43°C	=	109.4°F
17°C	=	62.6°F	44°C	=	111.2°F
18°C	=	64.4°F	45°C	=	113.0°F
19°C	=	66.2°F	46°C	=	114.8°F
20°C	=	68.0°F	47°C	=	116.6°F
21°C	=	69.8°F	48°C	=	118.4°F
22°C	=	71.6°F	49°C	=	120.2°F
23°C	=	73.4°F	50°C	=	122.0°F
24°C	=	75.2°F	51°C	=	123.8°F
25°C	=	77.0°F	52°C	=	125.6°F
26°C	=	78.8°F	53°C	=	127.4°F
27°C	=	80.6°F	54°C	=	129.2°F
28°C	=	82.4°F	55°C	=	131.0°F
29°C	=	84.2°F	56°C	=	132.8°F
30°C	=	86.0°F	57°C	=	134.6°F
31°C	=	87.8°F	58°C	=	136.4°F
32°C	=	89.6°F	59°C	=	138.2°F
33°C	=	91.4°F	60°C	=	140.0°F
34°C	=	93.2°F	61°C	=	141.8°F
35°C	=	95.0°F	62°C	=	143.6°F
36°C	=	96.8°F	63°C	=	145.4°F
37°C	=	98.6°F	64°C	=	147.2°F
38°C	=	100.4°F	65°C	=	149.0°F
39°C	=	102.2°F	66°C	=	150.8°F
40°C	=	104.0°F	67°C	=	152.6°F

Degrés Celsius	EN	Degrés Fahrenheit	Degrés Celsius	EN	Degrés Fahrenheit
68°C	=	154.4°F	95°C	=	203.0°F
69°C	=	156.2°F	96°C	=	204.8°F
70°C	=	158.0°F	97°C	=	206.6°F
71°C	=	159.8°F	98°C	=	208.4°F
72°C	=	161.6°F	99°C	=	210.2°F
73°C	=	163.4°F	100°C	=	212.0°F
74°C	=	165.2°F	110°C	=	230.0°F
75°C	=	167.0°F	125°C	=	257.0°F
76°C	=	168.8°F	135°C	=	275.0°F
77°C	=	170.6°F	150°C	=	302.0°F
78°C	=	172.4°F	160°C	=	320.0°F
79°C	=	174.2°F	175°C	=	347.0°F
80°C	=	176.0°F	185°C	=	365.0°F
81°C	=	177.8°F	200°C	=	392.0°F
82°C	=	179.6°F	210°C	=	410.0°F
83°C	=	181.4°F	225°C	=	437.0°F
84°C	=	183.2°F	235°C	=	455.0°F
85°C	=	185.0°F	250°C	=	482.0°F
86°C	=	186.8°F	260°C	=	500.0°F
87°C	=	188.6°F	275°C	=	527.0°F
88°C	=	190.4°F	285°C	=	545.0°F
89°C	=	192.2°F	300°C	=	572.0°F
90°C	=	194.0°F			
91°C	=	195.8°F	Ajoutez 9 degrés		
92°C	=	197.6°F	Fahrenheit pour chaque		
93°C	=	199.4°F	tranche de 5 degrés		
94°C	=	201.2°F	Celsius.		

Degrés Fahrenheit	EN	Degrés Celsius	Degrés Fahrenheit	EN	Degrés Celsius
-40°F	=	-40.0°C	-13°F	=	-25.0°C
-39°F	=	-39.4°C	-12°F	=	-24.4°C
-38°F	=	-38.8°C	-11°F	=	-23.8°C
-37°F	=	-38.3°C	-10°F	=	-23.3°C
-36°F	=	-37.7°C	-9°F	=	-22.7°C
-35°F	=	-37.2°C	-8°F	=	-22.2°C
-34°F	=	-36.6°C	-7°F	=	-21.6°C
-33°F	=	-36.1°C	-6°F	=	21.1°C
-32°F	=	-35.5°C	-5°F	=	-20.5°C
-31°F	=	-35.0°C	-4°F	=	20.0°C
-30°F	=	-34.4°C	-3°F	=	-19.4°C
-29°F	=	-33.8°C	-2°F	=	-18.8°C
-28°F	=	-33.3°C	-1°F	=	-18.3°C
-27°F	=	-32.7°C	0°F	=	-17.7°C
-26°F	=	-32.2°C	1°F	=	-17.2°C
-25°F	=	-31.6°C	2°F	=	-16.6°C
-24°F	=	-31.1°C	3°F	=	-16.1°C
-23°F	=	-30.5°C	4°F	=	-15.5°C
-22°F	=	-30.0°C	5°F	=	-15.0°C
-21°F	=	-29.4°C	6°F	=	-14.4°C
-20°F	=	-28.8°C	7°F	=	-13.8°C
-19°F	=	-28.3°C	8°F	=	-13.3°C
-18°F	=	-27.7°C	9°F	=	-12.7°C
-17°F	=	-27.2°C	10°F	=	-12.2°C
-16°F	=	-26.6°C	11°F	=	-11.6°C
-15°F	=	-26.1°C	12°F	=	-11.1°C
-14°F	=	-25.5°C	13°F	=	-10.5°C

Degrés Fahrenheit	EN	Degrés Celsius	Degrés Fahrenheit	EN	Degrés Celsius
14°F	=	-10.0°C	41°F	=	5.0°C
15°F	=	-9.4°C	42°F	=	5.5°C
16°F	=	-8.8°C	43°F	=	6.1°C
17°F	=	-8.3°C	44°F	=	6.6°C
18°F	=	-7.7°C	45°F	=	7.2°C
19°F	=	-7.2°C	46°F	=	7.7°C
20°F	=	-6.6°C	47°F	=	8.3°C
21°F	=	-6.1°C	48°F	=	8.8°C
22°F	=	-5.5°C	49°F	=	9.4°C
23°F	=	-5.0°C	50°F	=	10.0°C
24°F	=	-4.4°C	51°F	=	10.5°C
25°F	=	-3.8°C	52°F	=	11.1°C
26°F	=	-3.3°C	53°F	=	11.6°C
27°F	=	-2.7°C	54°F	=	12.2°C
28°F	=	-2.2°C	55°F	=	12.7°C
29°F	=	-1.6°C	56°F	=	13.3°C
30°F	=	-1.1°C	57°F	=	13.8°C
31°F	=	-0.5°C	58°F	=	14.4°C
32°F	=	0.0°C	59°F	=	15.0°C
33°F	=	0.5°C	60°F	=	15.5°C
34°F	=	1.1°C	61°F	=	16.1°C
35°F	=	1.6°C	62°F	=	16.6°C
36°F	=	2.2°C	63°F	=	17.2°C
37°F	=	2.7°C	64°F	=	17.7°C
38°F	=	3.3°C	65°F	=	18.3°C
39°F	=	3.8°C	66°F	=	18.8°C
40°F	=	4.4°C	67°F	=	19.4°C

Degrés Fahrenheit	EN	Degrés Celsius	Degrés Fahrenheit	EN	Degrés Celsius
68°F	=	20.0°C	95°F	=	35.0°C
69°F	=	20.5°C	96°F	=	35.5°C
70°F	=	21.1°C	97°F	=	36.1°C
71°F	=	21.6°C	98°F	=	36.6°C
72°F	=	22.2°C	99°F	=	37.2°C
73°F	=	22.7°C	100°F	=	37.7°C
74°F	=	23.3°C	125°F	=	51.6°C
75°F	=	23.8°C	150°F	=	65.5°C
76°F	=	24.4°C	175°F	=	79.4°C
77°F	=	25.0°C	200°F	=	93.3°C
78°F	=	25.5°C	225°F	=	107.2°C
79°F	=	26.1°C	250°F	=	121.1°C
80°F	=	26.6°C	275°F	=	135.0°C
81°F	=	27.2°C	300°F	=	148.9°C
82°F	=	27.7°C	325°F	=	162.8°C
83°F	=	28.3°C	350°F	=	176.7°C
84°F	=	28.8°C	375°F	=	190.6°C
85°F	=	29.4°C	400°F	=	204.5°C
86°F	=	30.0°C	425°F	=	218.4°C
87°F	=	30.5°C	450°F	=	232.3°C
88°F	=	31.1°C	475°F	=	246.2°C
89°F	=	31.6°C	500°F	=	260.1°C
90°F	=	32.2°C			
91°F	=	32.7°C			
92°F	=	33.3°C	Ajoutez 3 degrés Celsius pour chaque tranche de 5 degrés Fahrenheit.		
93°F	=	33.8°C			
94°F	=	34.4°C			

NOTES

....

....

....

....

....

....

....

....

....

....

....

....

....

....

....

....

....

....

POIDS

MÉTHODES DE CONVERSION

POUR CONVERTIR DES	EN	MULTIPLIEZ PAR
Onces	Grammes	28.35
Grammes	Onces	.035
Livres	Kilogrammes	.45
Kilogrammes	Livres	2.20
Tonnes	Tonnes métriques	.91
Tonnes métriques	Tonnes	1.10

ABRÉVIATIONS

mg = Milligramme   g = Gramme
kg = Kilogramme   tm = Tonne métrique
oz = Once   lb = Livre
t = Tonne

ÉQUIVALENCES

1 000 milligrammes	=	1 gramme
1 000 grammes	=	1 kilogramme
1 000 kilogrammes	=	1 tonne métrique
28.35 grammes	=	1 once
1 kilogramme	=	2.2 livres
1 tonne métrique	=	1.1 tonne

Onces	EN	Grammes	Onces	EN	Grammes
1 oz	=	28.35 g	28 oz	=	793.79 g
2 oz	=	56.70 g	29 oz	=	822.14 g
3 oz	=	85.05 g	30 oz	=	850.49 g
4 oz	=	113.40 g	31 oz	=	878.83 g
5 oz	=	141.75 g	32 oz	=	907.18 g
6 oz	=	170.09 g	33 oz	=	935.55 g
7 oz	=	198.45 g	34 oz	=	963.88 g
8 oz	=	226.79 g	35 oz	=	992.25 g
9 oz	=	255.15 g	36 oz	=	1020.58 g
10 oz	=	283.49 g	37 oz	=	1048.93 g
11 oz	=	311.84 g	38 oz	=	1077.28 g
12 oz	=	340.19 g	39 oz	=	1105.63 g
13 oz	=	368.55 g	40 oz	=	1133.98 g
14 oz	=	396.89 g	41 oz	=	1162.33 g
15 oz	=	425.25 g	42 oz	=	1190.68 g
16 oz	=	453.59 g	43 oz	=	1219.03 g
17 oz	=	481.94 g	44 oz	=	1247.38 g
18 oz	=	510.29 g	45 oz	=	1275.73 g
19 oz	=	538.65 g	46 oz	=	1304.08 g
20 oz	=	566.99 g	47 oz	=	1332.45 g
21 oz	=	595.34 g	48 oz	=	1360.78 g
22 oz	=	623.69 g	49 oz	=	1389.13 g
23 oz	=	652.04 g	50 oz	=	1417.48 g
24 oz	=	680.39 g	60 oz	=	1700.99 g
25 oz	=	708.74 g	70 oz	=	1984.43 g
26 oz	=	737.09 g	80 oz	=	2267.92 g
27 oz	=	765.45 g	90 oz	=	2551.41 g

18 Poids

Grammes	EN	Onces	Grammes	EN	Onces
1 g	=	.03 oz	28 g	=	.99 oz
2 g	=	.07 oz	29 g	=	1.02 oz
3 g	=	.10 oz	30 g	=	1.06 oz
4 g	=	.14 oz	31 g	=	1.09 oz
5 g	=	.18 oz	32 g	=	1.13 oz
6 g	=	.21 oz	33 g	=	1.16 oz
7 g	=	.25 oz	34 g	=	1.20 oz
8 g	=	.28 oz	35 g	=	1.23 oz
9 g	=	.32 oz	36 g	=	1.27 oz
10 g	=	.35 oz	37 g	=	1.30 oz
11 g	=	.39 oz	38 g	=	1.34 oz
12 g	=	.42 oz	39 g	=	1.37 oz
13 g	=	.46 oz	40 g	=	1.41 oz
14 g	=	.49 oz	41 g	=	1.45 oz
15 g	=	.53 oz	42 g	=	1.48 oz
16 g	=	.56 oz	43 g	=	1.52 oz
17 g	=	.60 oz	44 g	=	1.55 oz
18 g	=	.63 oz	45 g	=	1.59 oz
19 g	=	.67 oz	46 g	=	1.62 oz
20 g	=	.70 oz	47 g	=	1.66 oz
21 g	=	.74 oz	48 g	=	1.69 oz
22 g	=	.78 oz	49 g	=	1.73 oz
23 g	=	.81 oz	50 g	=	1.76 oz
24 g	=	.85 oz	51 g	=	1.79 oz
25 g	=	.88 oz	52 g	=	1.83 oz
26 g	=	.92 oz	53 g	=	1.86 oz
27 g	=	.95 oz	54 g	=	1.90 oz

Grammes	EN	Onces	Grammes	EN	Onces
55 g	=	1.93 oz	82 g	=	2.89 oz
56 g	=	1.97 oz	83 g	=	2.92 oz
57 g	=	2.00 oz	84 g	=	2.96 oz
58 g	=	2.04 oz	85 g	=	2.99 oz
59 g	=	2.08 oz	86 g	=	3.03 oz
60 g	=	2.12 oz	87 g	=	3.06 oz
61 g	=	2.15 oz	88 g	=	3.10 oz
62 g	=	2.18 oz	89 g	=	3.13 oz
63 g	=	2.22 oz	90 g	=	3.17 oz
64 g	=	2.26 oz	91 g	=	3.20 oz
65 g	=	2.30 oz	92 g	=	3.24 oz
66 g	=	2.33 oz	93 g	=	3.27 oz
67 g	=	2.36 oz	94 g	=	3.30 oz
68 g	=	2.40 oz	95 g	=	3.34 oz
69 g	=	2.43 oz	96 g	=	3.37 oz
70 g	=	2.47 oz	97 g	=	3.41 oz
71 g	=	2.50 oz	98 g	=	3.45 oz
72 g	=	2.54 oz	99 g	=	3.49 oz
73 g	=	2.57 oz	100 g	=	3.53 oz
74 g	=	2.61 oz	110 g	=	3.88 oz
75 g	=	2.64 oz	120 g	=	4.23 oz
76 g	=	2.68 oz	130 g	=	4.58 oz
77 g	=	2.71 oz	140 g	=	4.93 oz
78 g	=	2.75 oz	150 g	=	5.28 oz
79 g	=	2.78 oz	160 g	=	5.63 oz
80 g	=	2.82 oz	170 g	=	5.98 oz
81 g	=	2.85 oz	180 g	=	6.33 oz

Millilitres	EN	Onces	Millilitres	EN	Onces
1 ml	=	.03 oz	140 ml	=	4.76 oz
2 ml	=	.07 oz	150 ml	=	5.10 oz
3 ml	=	.10 oz	160 ml	=	5.44 oz
4 ml	=	.14 oz	170 ml	=	5.78 oz
5 ml	=	.17 oz	180 ml	=	6.12 oz
10 ml	=	.34 oz	190 ml	=	6.46 oz
15 ml	=	.51 oz	200 ml	=	6.80 oz
20 ml	=	.68 oz	225 ml	=	7.61 oz
25 ml	=	.85 oz	250 ml	=	8.46 oz
30 ml	=	1.02 oz	275 ml	=	9.30 oz
35 ml	=	1.19 oz	300 ml	=	10.15 oz
40 ml	=	1.36 oz	325 ml	=	11.00 oz
45 ml	=	1.53 oz	350 ml	=	11.83 oz
50 ml	=	1.70 oz	375 ml	=	12.68 oz
55 ml	=	1.87 oz	400 ml	=	13.52 oz
60 ml	=	2.04 oz	425 ml	=	14.38 oz
65 ml	=	2.21 oz	450 ml	=	15.22 oz
70 ml	=	2.38 oz	475 ml	=	16.08 oz
75 ml	=	2.55 oz	500 ml	=	16.90 oz
80 ml	=	2.72 oz	550 ml	=	18.60 oz
85 ml	=	2.89 oz	600 ml	=	20.29 oz
90 ml	=	3.06 oz	650 ml	=	22.00 oz
95 ml	=	3.23 oz	700 ml	=	23.68 oz
100 ml	=	3.40 oz	750 ml	=	25.36 oz
110 ml	=	3.74 oz	800 ml	=	27.06 oz
120 ml	=	4.08 oz	900 ml	=	30.43 oz
130 ml	=	4.42 oz	1000 ml	=	33.82 oz

Tasses	EN	Litres	Litres	EN	Tasses
1/8 t	=	.03 l	1/8 l	=	.52 t
1/4 t	=	.06 l	1/4 l	=	1.04 t
1/2 t	=	.12 l	1/2 l	=	2.08 t
3/4 t	=	.18 l	3/4 l	=	3.13 t
1 t	=	.24 l	1 l	=	4.17 t
1 1/4 t	=	.30 l	1 1/4 l	=	5.21 t
1 1/2 t	=	.36 l	1 1/2 l	=	6.25 t
1 3/4 t	=	.42 l	1 3/4 l	=	7.29 t
2 t	=	.48 l	2 l	=	8.33 t
2 1/4 t	=	.54 l	2 1/4 l	=	9.37 t
2 1/2 t	=	.60 l	2 1/2 l	=	10.41 t
2 3/4 t	=	.66 l	2 3/4 l	=	11.45 t
3 t	=	.72 l	3 l	=	12.50 t
3 1/4 t	=	.78 l	3 1/4 l	=	13.54 t
3 1/2 t	=	.84 l	3 1/2 l	=	14.58 t
3 3/4 t	=	.90 l	3 3/4 l	=	15.62 t
4 t	=	.96 l	4 l	=	16.66 t
4 1/4 t	=	1.02 l	4 1/4 l	=	17.70 t
4 1/2 t	=	1.08 l	4 1/2 l	=	18.75 t
4 3/4 t	=	1.14 l	4 3/4 l	=	19.79 t
5 t	=	1.20 l	5 l	=	20.83 t
6 t	=	1.44 l	6 l	=	25.00 t
7 t	=	1.68 l	7 l	=	29.16 t
8 t	=	1.92 l	8 l	=	33.33 t
9 t	=	2.16 l	9 l	=	37.50 t
10 t	=	2.40 l	10 l	=	41.66 t
20 t	=	4.80 l	20 l	=	83.33 t

Pintes (32 oz)	EN	Litres	Pintes (40 oz)	EN	Litres
1/4 pt	=	.24 l	1/4 pt	=	.28 l
1/2 pt	=	.47 l	1/2 pt	=	.57 l
3/4 pt	=	.71 l	3/4 pt	=	.85 l
1 pt	=	.95 l	1 pt	=	1.14 l
1 1/4 pt	=	1.19 l	1 1/4 pt	=	1.42 l
1 1/2 pt	=	1.42 l	1 1/2 pt	=	1.71 l
1 3/4 pt	=	1.66 l	1 3/4 pt	=	1.99 l
2 pt	=	1.90 l	2 pt	=	2.27 l
3 pt	=	2.85 l	3 pt	=	3.41 l
4 pt	=	3.80 l	4 pt	=	4.55 l
5 pt	=	4.75 l	5 pt	=	5.68 l
6 pt	=	5.70 l	6 pt	=	6.82 l
7 pt	=	6.65 l	7 pt	=	7.96 l
8 pt	=	7.60 l	8 pt	=	9.09 l
9 pt	=	8.55 l	9 pt	=	10.23 l
10 pt	=	9.50 l	10 pt	=	11.36 l
11 pt	=	10.45 l	11 pt	=	12.49 l
12 pt	=	11.40 l	12 pt	=	13.63 l
13 pt	=	12.35 l	13 pt	=	14.77 l
14 pt	=	13.30 l	14 pt	=	15.90 l
15 pt	=	14.25 l	15 pt	=	17.04 l
16 pt	=	15.20 l	16 pt	=	18.18 l
17 pt	=	16.15 l	17 pt	=	19.31 l
18 pt	=	17.10 l	18 pt	=	20.45 l
19 pt	=	18.05 l	19 pt	=	21.58 l
20 pt	=	19.00 l	20 pt	=	22.72 l
25 pt	=	23.75 l	25 pt	=	28.40 l

Gallons (128 oz)	EN	Litres	Gallons (160 oz)	EN	Litres
1/8 gal	=	.47 l	1/8 gal	=	.57 l
1/4 gal	=	.94 l	1/4 gal	=	1.14 l
1/2 gal	=	1.89 l	1/2 gal	=	2.27 l
3/4 gal	=	2.83 l	3/4 gal	=	3.41 l
1 gal	=	3.78 l	1 gal	=	4.55 l
1 1/4 gal	=	4.72 l	1 1/4 gal	=	5.69 l
1 1/2 gal	=	5.67 l	1 1/2 gal	=	6.82 l
1 3/4 gal	=	6.61 l	1 3/4 gal	=	7.96 l
2 gal	=	7.57 l	2 gal	=	9.10 l
3 gal	=	11.36 l	3 gal	=	13.64 l
4 gal	=	15.14 l	4 gal	=	18.18 l
5 gal	=	18.93 l	5 gal	=	22.73 l
6 gal	=	22.71 l	6 gal	=	27.28 l
7 gal	=	26.50 l	7 gal	=	31.82 l
8 gal	=	30.28 l	8 gal	=	36.37 l
9 gal	=	34.07 l	9 gal	=	40.91 l
10 gal	=	37.85 l	10 gal	=	45.46 l
15 gal	=	56.77 l	15 gal	=	68.19 l
20 gal	=	75.70 l	20 gal	=	90.92 l
25 gal	=	94.62 l	25 gal	=	113.65 l
30 gal	=	113.55 l	30 gal	=	136.38 l
35 gal	=	132.47 l	35 gal	=	159.11 l
40 gal	=	151.40 l	40 gal	=	181.84 l
45 gal	=	170.32 l	45 gal	=	204.57 l
50 gal	=	189.25 l	50 gal	=	227.30 l
75 gal	=	283.87 l	75 gal	=	340.95 l
100 gal	=	378.50 l	100 gal	=	454.60 l

LES VOLUMES

MÉTHODES DE CONVERSION

POUR CONVERTIR DES	EN	MULTIPLIEZ PAR
Pouces cubes	Centimètres cubes	16.39
Centimètres cubes	Pouces cubes	.06
Pieds cubes	Mètres cubes	.03
Mètres cubes	Pieds cubes	35.31
Verges cubes	Mètres cubes	.76
Mètres cubes	Verges cubes	1.31

ABRÉVIATIONS

po^3 = Pouce cube $\qquad$ cm^3 = Centimètre cube

pi^3 = Pied cube $\qquad$ m^3 = Mètre cube

vge^3 = Verge cube

Pouces cubes	EN	Centimètres cubes	Centimètres cubes	EN	Pouces cubes
1 po³	=	16.39 cm³	1 cm³	=	.06 po³
2 po³	=	32.78 cm³	2 cm³	=	.12 po³
3 po³	=	49.16 cm³	3 cm³	=	.18 po³
4 po³	=	65.55 cm³	4 cm³	=	.24 po³
5 po³	=	81.93 cm³	5 cm³	=	.30 po³
6 po³	=	98.32 cm³	6 cm³	=	.37 po³
7 po³	=	114.71 cm³	7 cm³	=	.43 po³
8 po³	=	131.09 cm³	8 cm³	=	.49 po³
9 po³	=	147.48 cm³	9 cm³	=	.55 po³
10 po³	=	163.87 cm³	10 cm³	=	.61 po³
20 po³	=	327.74 cm³	20 cm³	=	1.22 po³
30 po³	=	491.61 cm³	30 cm³	=	1.83 po³
40 po³	=	655.48 cm³	40 cm³	=	2.44 po³
50 po³	=	819.35 cm³	50 cm³	=	3.05 po³
60 po³	=	983.22 cm³	60 cm³	=	3.66 po³
70 po³	=	1147.09 cm³	70 cm³	=	4.27 po³
80 po³	=	1310.96 cm³	80 cm³	=	4.88 po³
90 po³	=	1474.84 cm³	90 cm³	=	5.49 po³
100 po³	=	1638.71 cm³	100 cm³	=	6.10 po³
200 po³	=	3277.41 cm³	200 cm³	=	12.20 po³
300 po³	=	4916.12 cm³	300 cm³	=	18.31 po³
400 po³	=	6554.83 cm³	400 cm³	=	24.41 po³
500 po³	=	8193.53 cm³	500 cm³	=	30.51 po³
750 po³	=	12290.32 cm³	750 cm³	=	45.76 po³
1000 po³	=	16387 cm³	1000 cm³	=	61.02 po³
2000 po³	=	32774.13 cm³	2000 cm³	=	122.05 po³
5000 po³	=	81935.32 cm³	5000 cm³	=	305.12 po³

Pieds cubes	EN	Mètres cubes	Mètres cubes	EN	Pieds cubes
1 pi^3 =		.03 m^3	1 m^3 =		35.31 pi^3
2 pi^3 =		.06 m^3	2 m^3 =		70.63 pi^3
3 pi^3 =		.08 m^3	3 m^3 =		105.94 pi^3
4 pi^3 =		.11 m^3	4 m^3 =		141.26 pi^3
5 pi^3 =		.14 m^3	5 m^3 =		176.57 pi^3
6 pi^3 =		.17 m^3	6 m^3 =		211.88 pi^3
7 pi^3 =		.19 m^3	7 m^3 =		247.20 pi^3
8 pi^3 =		.23 m^3	8 m^3 =		282.51 pi^3
9 pi^3 =		.25 m^3	9 m^3 =		317.82 pi^3
10 pi^3 =		.28 m^3	10 m^3 =		353.14 pi^3
20 pi^3 =		.57 m^3	20 m^3 =		706.29 pi^3
30 pi^3 =		.85 m^3	30 m^3 =		1059.44 pi^3
40 pi^3 =		1.13 m^3	40 m^3 =		1412.59 pi^3
50 pi^3 =		1.41 m^3	50 m^3 =		1765.73 pi^3
60 pi^3 =		1.70 m^3	60 m^3 =		2118.88 pi^3
70 pi^3 =		1.98 m^3	70 m^3 =		2472.03 pi^3
80 pi^3 =		2.26 m^3	80 m^3 =		2825.17 pi^3
90 pi^3 =		2.55 m^3	90 m^3 =		3178.32 pi^3
100 pi^3 =		2.83 m^3	100 m^3 =		3531.47 pi^3
200 pi^3 =		5.66 m^3	200 m^3 =		7063.93 pi^3
300 pi^3 =		8.49 m^3	300 m^3 =		10594.42 pi^3
400 pi^3 =		11.33 m^3	400 m^3 =		14125.87 pi^3
500 pi^3 =		14.16 m^3	500 m^3 =		17657.33 pi^3
750 pi^3 =		21.23 m^3	750 m^3 =		26486.99 pi^3
1000 pi^3 =		28.32 m^3	1000 m^3 =		35314.67 pi^3
2000 pi^3 =		56.63 m^3	2000 m^3 =		70629.33 pi^3
5000 pi^3 =		141.60 m^3	5000 m^3 =		176573.33 pi^3

Verges cubes	EN	Mètres cubes	Mètres cubes	EN	Verges cubes
1 vg^3	=	.76 m^3	1 m^3	=	1.31 vg^3
2 vg^3	=	1.53 m^3	2 m^3	=	2.62 vg^3
3 vg^3	=	2.29 m^3	3 m^3	=	3.92 vg^3
4 vg^3	=	3.06 m^3	4 m^3	=	5.23 vg^3
5 vg^3	=	3.82 m^3	5 m^3	=	6.54 vg^3
6 vg^3	=	4.59 m^3	6 m^3	=	7.85 vg^3
7 vg^3	=	5.35 m^3	7 m^3	=	9.16 vg^3
8 vg^3	=	6.12 m^3	8 m^3	=	10.46 vg^3
9 vg^3	=	6.88 m^3	9 m^3	=	11.77 vg^3
10 vg^3	=	7.64 m^3	10 m^3	=	13.08 vg^3
20 vg^3	=	15.29 m^3	20 m^3	=	26.16 vg^3
30 vg^3	=	22.94 m^3	30 m^3	=	39.24 vg^3
40 vg^3	=	30.58 m^3	40 m^3	=	52.32 vg^3
50 vg^3	=	38.23 m^3	50 m^3	=	65.39 vg^3
60 vg^3	=	45.87 m^3	60 m^3	=	78.48 vg^3
70 vg^3	=	53.52 m^3	70 m^3	=	91.56 vg^3
80 vg^3	=	61.16 m^3	80 m^3	=	104.64 vg^3
90 vg^3	=	68.81 m^3	90 m^3	=	117.71 vg^3
100 vg^3	=	76.45 m^3	100 m^3	=	130.79 vg^3
200 vg^3	=	152.91 m^3	200 m^3	=	261.59 vg^3
300 vg^3	=	229.39 m^3	300 m^3	=	392.38 vg^3
400 vg^3	=	305.86 m^3	400 m^3	=	523.18 vg^3
500 vg^3	=	382.32 m^3	500 m^3	=	653.97 vg^3
750 vg^3	=	573.48 m^3	750 m^3	=	980.95 vg^3
1000 vg^3	=	764.65 m^3	1000 m^3	=	1308.00 vg^3
2000 vg^3	=	1529.33 m^3	2000 m^3	=	2616.00 vg^3
5000 vg^3	=	3823.33 m^3	5000 m^3	=	6539.95 vg^3

PRIX DE REVIENT

LES PRIX DE REVIENT SONT ÉTABLIS
COMME SUIT:

a) Prix 1 litre =
prix de revient 1 gallon canadien
(valide pour le Canada seulement)

b) Prix 1 kilo =
prix de revient 1 livre

Prix 1 litre	EN	Prix revient 1 gallon	Prix 1 litre	EN	Prix revient 1 gallon
0.01$	=	0.05$	0.28$	=	1.27$
0.02$	=	0.09$	0.29$	=	1.32$
0.03$	=	0.14$	0.30$	=	1.36$
0.04$	=	0.18$	0.31$	=	1.41$
0.05$	=	0.23$	0.32$	=	1.45$
0.06$	=	0.27$	0.33$	=	1.50$
0.07$	=	0.32$	0.34$	=	1.55$
0.08$	=	0.36$	0.35$	=	1.59$
0.09$	=	0.41$	0.36$	=	1.64$
0.10$	=	0.45$	0.37$	=	1.68$
0.11$	=	0.50$	0.38$	=	1.73$
0.12$	=	0.55$	0.39$	=	1.77$
0.13$	=	0.59$	0.40$	=	1.82$
0.14$	=	0.64$	0.41$	=	1.87$
0.15$	=	0.68$	0.42$	=	1.91$
0.16$	=	0.73$	0.43$	=	1.96$
0.17$	=	0.77$	0.44$	=	2.00$
0.18$	=	0.82$	0.45$	=	2.05$
0.19$	=	0.86$	0.46$	=	2.09$
0.20$	=	0.91$	0.47$	=	2.14$
0.21$	=	0.96$	0.48$	=	2.18$
0.22$	=	1.00$	0.49$	=	2.23$
0.23$	=	1.05$	0.50$	=	2.27$
0.24$	=	1.09$	0.51$	=	2.32$
0.25$	=	1.14$	0.52$	=	2.37$
0.26$	=	1.18$	0.53$	=	2.41$
0.27$	=	1.23$	0.54$	=	2.46$

74 *Prix de revient*   (Multipliez le prix de 1 litre par 4.55)

Prix 1 litre	EN	Prix revient 1 gallon	Prix 1 litre	EN	Prix revient 1 gallon
0.55$	=	2.50$	0.82$	=	3.73$
0.56$	=	2.55$	0.83$	=	3.78$
0.57$	=	2.59$	0.84$	=	3.82$
0.58$	=	2.64$	0.85$	=	3.87$
0.59$	=	2.68$	0.86$	=	3.91$
0.60$	=	2.73$	0.87$	=	3.96$
0.61$	=	2.78$	0.88$	=	4.00$
0.62$	=	2.82$	0.89$	=	4.05$
0.63$	=	2.87$	0.90$	=	4.09$
0.64$	=	2.91$	0.91$	=	4.14$
0.65$	=	2.96$	0.92$	=	4.19$
0.66$	=	3.01$	0.93$	=	4.23$
0.67$	=	3.05$	0.94$	=	4.28$
0.68$	=	3.10$	0.95$	=	4.32$
0.69$	=	3.14$	0.96$	=	4.37$
0.70$	=	3.18$	0.97$	=	4.41$
0.71$	=	3.23$	0.98$	=	4.46$
0.72$	=	3.28$	0.99$	=	4.50$
0.73$	=	3.32$	1.00$	=	4.55$
0.74$	=	3.37$	1.01$	=	4.60$
0.75$	=	3.41$	1.02$	=	4.64$
0.76$	=	3.46$	1.03$	=	4.69$
0.77$	=	3.50$	1.04$	=	4.73$
0.78$	=	3.55$	1.05$	=	4.78$
0.79$	=	3.59$	1.06$	=	4.82$
0.80$	=	3.64$	1.07$	=	4.87$
0.81$	=	3.69$	1.08$	=	4.91$

(Multipliez le prix de
1 litre par 4.55)

Prix de revient 75

Prix 1 litre	EN	Prix revient 1 gallon	Prix 1 litre	EN	Prix revient 1 gallon
1.09$	=	4.96$	1.36$	=	6.19$
1.10$	=	5.00$	1.37$	=	6.23$
1.11$	=	5.05$	1.38$	=	6.28$
1.12$	=	5.10$	1.39$	=	6.32$
1.13$	=	5.14$	1.40$	=	6.37$
1.14$	=	5.19$	1.41$	=	6.42$
1.15$	=	5.23$	1.42$	=	6.46$
1.16$	=	5.28$	1.43$	=	6.51$
1.17$	=	5.32$	1.44$	=	6.55$
1.18$	=	5.37$	1.45$	=	6.60$
1.19$	=	5.41$	1.46$	=	6.64$
1.20$	=	5.46$	1.47$	=	6.69$
1.21$	=	5.51$	1.48$	=	6.73$
1.22$	=	5.55$	1.49$	=	6.78$
1.23$	=	5.60$	1.50$	=	6.82$
1.24$	=	5.64$	1.51$	=	6.87$
1.25$	=	5.69$	1.52$	=	6.92$
1.26$	=	5.73$	1.53$	=	6.96$
1.27$	=	5.78$	1.54$	=	7.01$
1.28$	=	5.82$	1.55$	=	7.05$
1.29$	=	5.87$	1.56$	=	7.10$
1.30$	=	5.91$	1.57$	=	7.14$
1.31$	=	5.96$	1.58$	=	7.19$
1.32$	=	6.01$	1.59$	=	7.23$
1.33$	=	6.05$	1.60$	=	7.28$
1.34$	=	6.10$	1.61$	=	7.33$
1.35$	=	6.14$	1.62$	=	7.37$

76 *Prix de revient*   (Multipliez le prix de 1 litre par 4.55)

Prix 1 litre	EN	Prix revient 1 gallon	Prix 1 litre	EN	Prix revient 1 gallon
1.63$	=	7.42$	1.90$	=	8.64$
1.64$	=	7.46$	1.91$	=	8.69$
1.65$	=	7.51$	1.92$	=	8.74$
1.66$	=	7.55$	1.93$	=	8.78$
1.67$	=	7.60$	1.94$	=	8.83$
1.68$	=	7.64$	1.95$	=	8.87$
1.69$	=	7.69$	1.96$	=	8.92$
1.70$	=	7.73$	1.97$	=	8.96$
1.71$	=	7.78$	1.98$	=	9.01$
1.72$	=	7.83$	1.99$	=	9.05$
1.73$	=	7.87$	2.00$	=	9.10$
1.74$	=	7.92$	2.01$	=	9.15$
1.75$	=	7.96$	2.02$	=	9.19$
1.76$	=	8.01$	2.03$	=	9.24$
1.77$	=	8.05$	2.04$	=	9.28$
1.78$	=	8.10$	2.05$	=	9.33$
1.79$	=	8.14$	2.06$	=	9.37$
1.80$	=	8.19$	2.07$	=	9.42$
1.81$	=	8.24$	2.08$	=	9.46$
1.82$	=	8.28$	2.09$	=	9.51$
1.83$	=	8.33$	2.10$	=	9.56$
1.84$	=	8.37$	2.11$	=	9.60$
1.85$	=	8.42$	2.12$	=	9.65$
1.86$	=	8.46$	2.13$	=	9.69$
1.87$	=	8.51$	2.14$	=	9.74$
1.88$	=	8.55$	2.15$	=	9.78$
1.89$	=	8.60$	2.16$	=	9.83$

(Multipliez le prix de 1 litre par 4.55)

Prix de revient 77

Prix 1 kilo	EN	Prix revient 1 livre	Prix 1 kilo	EN	Prix revient 1 livre
0.10$	=	0.05$	1.45$	=	0.66$
0.15$	=	0.07$	1.50$	=	0.68$
0.20$	=	0.09$	1.55$	=	0.70$
0.25$	=	0.11$	1.60$	=	0.73$
0.30$	=	0.14$	1.65$	=	0.75$
0.35$	=	0.16$	1.70$	=	0.77$
0.40$	=	0.18$	1.75$	=	0.80$
0.45$	=	0.20$	1.80$	=	0.82$
0.50$	=	0.23$	1.85$	=	0.84$
0.55$	=	0.25$	1.90$	=	0.86$
0.60$	=	0.27$	1.95$	=	0.89$
0.65$	=	0.30$	2.00$	=	0.91$
0.70$	=	0.32$	2.05$	=	0.93$
0.75$	=	0.34$	2.10$	=	.05$
0.80$	=	0.36$	2.15$	=	0.98$
0.85$	=	0.39$	2.20$	=	1.00$
0.90$	=	0.41$	2.25$	=	1.02$
0.95$	=	0.43$	2.30$	=	1.05$
1.00$	=	0.45$	2.35$	=	1.07$
1.05$	=	0.48$	2.40$	=	1.09$
1.10$	=	0.50$	2.45$	=	1.11$
1.15$	=	0.52$	2.50$	=	1.14$
1.20$	=	0.54$	2.55$	=	1.16$
1.25$	=	0.57$	2.60$	=	1.18$
1.30$	=	0.59$	2.65$	=	1.20$
1.35$	=	0.61$	2.70$	=	1.23$
1.40$	=	0.64$	2.75$	=	1.25$

78 Prix de revient (Multipliez le prix de 1 kilo par .4536)

Prix 1 kilo	EN	Prix revient 1 livre	Prix 1 kilo	EN	Prix revient 1 livre
2.80$	=	1.27$	4.15$	=	1.89$
2.85$	=	1.30$	4.20$	=	1.91$
2.90$	=	1.32$	4.25$	=	1.93$
2.95$	=	1.34$	4.30$	=	1.95$
3.00$	=	1.36$	4.35$	=	.18$
3.05$	=	1.39$	4.40$	=	2.00$
3.10$	=	1.41$	4.45$	=	2.02$
3.15$	=	1.43$	4.50$	=	2.05$
3.20$	=	1.45$	4.55$	=	2.07$
3.25$	=	1.48$	4.60$	=	2.09$
3.30$	=	1.50$	4.65$	=	2.11$
3.35$	=	1.52$	4.70$	=	2.14$
3.40$	=	1.55$	4.75$	=	2.16$
3.45$	=	1.57$	4.80$	=	2.18$
3.50$	=	1.59$	4.85$	=	2.20$
3.55$	=	1.61$	4.90$	=	2.23$
3.60$	=	1.64$	4.95$	=	2.25$
3.65$	=	1.66$	5.00$	=	2.27$
3.70$	=	1.68$	5.05$	=	2.30$
3.75$	=	1.70$	5.10$	=	2.32$
3.80$	=	1.73$	5.15$	=	2.34$
3.85$	=	1.75$	5.20$	=	2.36$
3.90$	=	1.77$	5.25$	=	2.39$
3.95$	=	1.80$	5.30$	=	2.41$
4.00$	=	1.82$	5.35$	=	2.43$
4.05$	=	1.84$	5.40$	=	2.45$
4.10$	=	1.86$	5.45$	=	2.48$

(Multipliez le prix de 1 kilo par .4536)

Prix de revient 79

Prix 1 kilo	EN	Prix revient 1 livre	Prix 1 kilo	EN	Prix revient 1 livre
5.50$	=	2.50$	6.85$	=	3.11$
5.55$	=	2.52$	6.90$	=	3.14$
5.60$	=	2.55$	6.95$	=	3.16$
5.65$	=	2.57$	7.00$	=	3.18$
5.70$	=	2.59$	7.05$	=	3.20$
5.75$	=	2.61$	7.10$	=	3.23$
5.80$	=	2.64$	7.15$	=	3.25$
5.85$	=	2.66$	7.20$	=	3.27$
5.90$	=	2.68$	7.25$	=	3.30$
5.95$	=	2.70$	7.30$	=	3.32$
6.00$	=	2.73$	7.35$	=	3.34$
6.05$	=	2.75$	7.40$	=	3.36$
6.10$	=	2.77$	7.45$	=	3.39$
6.15$	=	2.80$	7.50$	=	3.41$
6.20$	=	2.82$	7.55$	=	3.43$
6.25$	=	2.84$	7.60$	=	3.45$
6.30$	=	2.86$	7.65$	=	3.48$
6.35$	=	2.89$	7.70$	=	3.50$
6.40$	=	2.91$	7.75$	=	3.52$
6.45$	=	2.93$	7.80$	=	3.55$
6.50$	=	2.95$	7.85$	=	3.57$
6.55$	=	2.98$	7.90$	=	3.59$
6.60$	=	3.00$	7.95$	=	3.61$
6.65$	=	3.02$	8.00$	=	3.64$
6.70$	=	3.05$	8.05$	=	3.66$
6.75$	=	3.07$	8.10$	=	3.68$
6.80$	=	3.09$	8.15$	=	3.70$

(Multipliez le prix de 1 kilo par .4536)

Prix 1 kilo	EN	Prix revient 1 livre	Prix 1 kilo	EN	Prix revient 1 livre
8.20$	=	3.73$	9.55$	=	4.34$
8.25$	=	3.75$	9.60$	=	4.36$
8.30$	=	3.77$	9.65$	=	4.39$
8.35$	=	3.80$	9.70$	=	4.41$
8.40$	=	3.82$	9.75$	=	4.43$
8.45$	=	3.84$	9.80$	=	4.45$
8.50$	=	3.86$	9.85$	=	4.48$
8.55$	=	3.89$	9.90$	=	4.50$
8.60$	=	3.91$	9.95$	=	4.52$
8.65$	=	3.93$	10.00$	=	4.55$
8.70$	=	3.95$	10.05$	=	4.57$
8.75$	=	3.98$	10.10$	=	4.59$
8.80$	=	4.00$	10.15$	=	4.61$
8.85$	=	4.02$	10.20$	=	4.64$
8.90$	=	4.04$	10.25$	=	4.66$
8.95$	=	4.07$	10.30$	=	4.68$
9.00$	=	4.09$	10.35$	=	4.70$
9.05$	=	4.11$	10.40$	=	4.73$
9.10$	=	4.14$	10.45$	=	4.75$
9.15$	=	4.16$	10.50$	=	4.77$
9.20$	=	4.18$	10.55$	=	4.80$
9.25$	=	4.20$	10.60$	=	4.82$
9.30$	=	4.23$	10.65$	=	4.84$
9.35$	=	4.25$	10.70$	=	4.86$
9.40$	=	4.27$	10.75$	=	4.89$
9.45$	=	4.30$	10.80$	=	4.91$
9.50$	=	4.32$	10.85$	=	4.93$

(Multipliez le prix de 1 kilo par .4536)

Prix 1 kilo	EN	Prix revient 1 livre	Prix 1 kilo	EN	Prix revient 1 livre
10.90$	=	4.95$	12.25$	=	5.57$
10.95$	=	4.98$	12.30$	=	5.59$
11.00$	=	5.00$	12.35$	=	5.61$
11.05$	=	5.02$	12.40$	=	5.64$
11.10$	=	5.05$	12.45$	=	5.66$
11.15$	=	5.07$	12.50$	=	5.68$
11.20$	=	5.09$	12.55$	=	5.70$
11.25$	=	5.11$	12.60$	=	5.73$
11.30$	=	5.14$	12.65$	=	5.75$
11.35$	=	5.16$	12.70$	=	5.77$
11.40$	=	5.18$	12.75$	=	5.80$
11.45$	=	5.20$	12.80$	=	5.82$
11.50$	=	5.23$	12.85$	=	5.84$
11.55$	=	5.25$	12.90$	=	5.86$
11.60$	=	5.27$	12.95$	=	5.89$
11.65$	=	5.30$	13.00$	=	5.91$
11.70$	=	5.32$	13.05$	=	5.93$
11.75$	=	5.34$	13.10$	=	5.95$
11.80$	=	5.36$	13.15$	=	5.98$
11.85$	=	5.39$	13.20$	=	6.00$
11.90$	=	5.41$	13.25$	=	6.02$
11.95$	=	5.43$	13.30$	=	6.05$
12.00$	=	5.45$	13.35$	=	6.07$
12.05$	=	5.48$	13.40$	=	6.09$
12.10$	=	5.50$	13.45$	=	6.11$
12.15$	=	5.52$	13.50$	=	6.14$
12.20$	=	5.55$	13.55$	=	6.16$

(Multipliez le prix de 1 kilo par .4536)

Prix 1 kilo	EN	Prix revient 1 livre	Prix 1 kilo	EN	Prix revient 1 livre
13.60$	=	6.18$	14.95$	=	6.80$
13.65$	=	6.20$	15.00$	=	6.82$
13.70$	=	6.23$	15.05$	=	6.84$
13.75$	=	6.25$	15.10$	=	6.86$
13.80$	=	6.27$	15.15$	=	6.89$
13.85$	=	6.30$	15.20$	=	6.91$
13.90$	=	6.32$	15.25$	=	6.93$
13.95$	=	6.34$	15.30$	=	6.95$
14.00$	=	6.36$	15.35$	=	6.98$
14.05$	=	6.39$	15.40$	=	7.00$
14.10$	=	6.41$	15.45$	=	7.02$
14.15$	=	6.43$	15.50$	=	7.05$
14.20$	=	6.45$	15.55$	=	7.07$
14.25$	=	6.48$	15.60$	=	7.09$
14.30$	=	6.50$	15.65$	=	7.11$
14.35$	=	6.52$	15.70$	=	7.14$
14.40$	=	6.55$	15.75$	=	7.16$
14.45$	=	6.57$	15.80$	=	7.18$
14.50$	=	6.59$	15.85$	=	7.20$
14.55$	=	6.61$	15.90$	=	7.23$
14.60$	=	6.64$	15.95$	=	7.25$
14.65$	=	6.66$	16.00$	=	7.27$
14.70$	=	6.68$	16.05$	=	7.30$
14.75$	=	6.70$	16.10$	=	7.32$
14.80$	=	6.73$	16.15$	=	7.34$
14.85$	=	6.75$	16.20$	=	7.36$
14.90$	=	6.77$	16.25$	=	7.39$

(Multipliez le prix de 1 kilo par .4536)

Prix de revient **83**

Commandez dès maintenant ces guides pratiques

BON DE COMMANDE

J'aimerais recevoir le(s) livre(s) suivant(s)

☐ **PRÊTS HYPOTHÉCAIRES** .... 5,95 $

☐ **PRÊTS PERSONNELS** .... 5,95 $

+ Poste et expédition............ **4,50 $**

Allouez de 3 à 4 semaines
pour livraison.
C.O.D. accepté (ajoutez 6 $).
Faites un chèque ou un mandat à

LIVRES À DOMICILE 2000
C.P. 325, succ. Rosemont
Montréal (Québec)
H1X 3B8

Sous-total ... _____ $

+ TPS 7 %..... _____ $

Total.. _____ $

Nom: ....

Adresse: ....

Ville:...Pays: ....

Code postal: ....Tél.: ....

ou faites porter à votre
carte de crédit   ☐ MasterCard   ☐ VISA   ☐ AMERICAN EXPRESS

N° de carte:...Expir.:........................

Signature...

Commandez notre catalogue et recevez, en plus,

UN LIVRE CADEAU

et de la documentation sur nos nouveautés *.

Remplissez et postez ce coupon à

LIVRES À DOMICILE 2000, C.P. 325, succursale Rosemont, Montréal (Québec) CANADA H1X 3B8

LES PHOTOCOPIES ET LES FAC-SIMILÉS NE SONT PAS ACCEPTÉS. COUPONS ORIGINAUX SEULEMENT.

Allouez de 3 à 6 semaines pour la livraison.

* En plus de recevoir le catalogue, je recevrai un livre au choix du département de l'expédition. / Offre valable pour les résidants du Canada et des États-Unis seulement. / Pour les résidants des États-Unis d'Amérique, les frais de poste sont de 11 $. / Un cadeau par achat de livre et par adresse postale. / Cette offre ne peut être jumelée à aucune autre promotion. / Certains livres peuvent être légèrement défraîchis.

Guide pratique de conversion rapide (#506)

Votre nom: ....

Adresse: ....

....

Ville: ....

Province/État ....

Pays: ....Code postal: ....

Date de naissance: ....

Guide pratique de conversion rapide (#506)

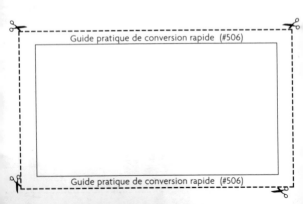

Guide pratique de conversion rapide (#506)

Guide pratique de conversion rapide (#506)